BEI GRIN MACHT SICH IHR WISSEN BEZAHLT

AF141552

- Wir veröffentlichen Ihre Hausarbeit, Bachelor- und Masterarbeit

- Ihr eigenes eBook und Buch - weltweit in allen wichtigen Shops

- Verdienen Sie an jedem Verkauf

Jetzt bei www.GRIN.com hochladen und kostenlos publizieren

Benjamin Pichert

Das Prinzip der Verbrennung

GRIN Verlag

Bibliografische Information der Deutschen Nationalbibliothek:

Die Deutsche Bibliothek verzeichnet diese Publikation in der Deutschen National-
bibliografie; detaillierte bibliografische Daten sind im Internet über http://dnb.d-
nb.de/ abrufbar.

Dieses Werk sowie alle darin enthaltenen einzelnen Beiträge und Abbildungen
sind urheberrechtlich geschützt. Jede Verwertung, die nicht ausdrücklich vom
Urheberrechtsschutz zugelassen ist, bedarf der vorherigen Zustimmung des Verla-
ges. Das gilt insbesondere für Vervielfältigungen, Bearbeitungen, Übersetzungen,
Mikroverfilmungen, Auswertungen durch Datenbanken und für die Einspeicherung
und Verarbeitung in elektronische Systeme. Alle Rechte, auch die des auszugsweisen
Nachdrucks, der fotomechanischen Wiedergabe (einschließlich Mikrokopie) sowie
der Auswertung durch Datenbanken oder ähnliche Einrichtungen, vorbehalten.

Impressum:

Copyright © 2006 GRIN Verlag GmbH
Druck und Bindung: Books on Demand GmbH, Norderstedt Germany
ISBN: 978-3-638-91084-2

Dieses Buch bei GRIN:

http://www.grin.com/de/e-book/83974/das-prinzip-der-verbrennung

GRIN - Your knowledge has value

Der GRIN Verlag publiziert seit 1998 wissenschaftliche Arbeiten von Studenten, Hochschullehrern und anderen Akademikern als eBook und gedrucktes Buch. Die Verlagswebsite www.grin.com ist die ideale Plattform zur Veröffentlichung von Hausarbeiten, Abschlussarbeiten, wissenschaftlichen Aufsätzen, Dissertationen und Fachbüchern.

Besuchen Sie uns im Internet:

http://www.grin.com/

http://www.facebook.com/grincom

http://www.twitter.com/grin_com

Das Prinzip der Verbrennung

Hauptseminar: Technik

Hochschule für Wirtschaft und Umwelt
Nürtingen - Geislingen

Von

Benjamin Pichert

im

Wintersemester 05/06

Vorwort

„Archäologisch fassbar sind die ältesten Spuren menschlichen Feuergebrauchs seit dem Altpaläolithikum. In der chinesischen Chou-kou-tien Höhle unweit von Peking fanden Wissenschaftler die allerfrühesten Spuren des menschlichen Feuergebrauchs, meterdicke Ablagerungen aus Asche und verkohlten Holzstücken. Über ungeheuer lange Zeiträume unterhielt hier in dieser Höhle der frühe Mensch von der Art Homo erectus = aufrecht gehender Mensch, seine Lagerfeuer. Wir wissen nicht mit letzter Sicherheit, ob er ein reiner Feuernutzer oder schon ein Feuererzeuger war, ein Feuerbewahrer war er allemal.

Genauso wenig wissen wir wie letztendlich der Mensch seine erste Bekanntschaft mit dem Feuer machte, es mag ein Vulkanausbruch gewesen sein, ein einschlagender Blitz der einen dürren Baum in Brand setzte, ein Steppenbrand. Müßig ist es darüber zu spekulieren, dies alles liegt verborgen im Dunkel der Vergangenheit.

Wir wissen nur dass seit diesem Tage das Leben und die Entwicklung des Menschen gefördert und begünstigt wurden. Der Mensch lernte mit dem Feuer umzugehen, es für seine Dienste nutzbar zu machen, seine Segnungen begierig auf- und anzunehmen, aber auch seine Flüche einigermaßen zu beherrschen. Er verstand es sich das Feuer untertan zu machen, wenigstens soweit es sich um ein kontrollierbares Feuer hielt. Dem atomaren Höllenfeuer, das er sich selber erschuf, steht er aber immer noch recht hilflos gegenüber."[1]

---

[1] (Vgl.: http://www.pfadfinder-oth.de/Allgemeines/Daten_Berichte/Schriften/feuer/feuer.html#4)

Inhaltsverzeichnis

Abbildungen: Seite

1. Einführung

„1771 haben CARL SCHEELE (1742-1786) und 1774/75 JOSEPH PRIESTLEY (1733-1786) erstmals Sauerstoff nachgewiesen. ANTOINE LAURENT LAVOISIER (1743-1794) benutzte diese Entdeckung, um seine *Theorie der Oxidation* zu entwickeln. Sie wurde ab 1775 veröffentlicht. Bei vielen Verbrennungsreaktionen entstehen gasförmige Verbrennungsprodukte, die unsere Sinne nicht wahrnehmen. Die Naturforscher hatten dies lange übersehen. LAVOISIER erklärte die Massezunahme bei der Überführung eines Stoffes in sein Verbrennungsprodukt mit der Annahme, dass sich der Stoff bei der Verbrennung mit Sauerstoff verbindet. Die Reaktion nannte er *Oxidation*. Der Begriff umfasst nicht nur die Verbrennungen, die uns sehr ins Auge fallen, weil dabei Feuererscheinungen auftreten. Es gibt auch Oxidationsreaktionen, die fast unmerklich ablaufen"[2]

Im Folgenden werde ich nun den Prozess der Verbrennung mit Feuererscheinungen genauer erläutern und exemplarisch versuchen die wichtigsten Faktoren heraus zuarbeiten.

2. Das Prinzip der Verbrennung

Wie kann man eine Verbrennung identifizieren und wie kann man sie definieren? Dieser Frage sollte man sich als erstes widmen, um eine grobe Vorstellung von Verbrennungsprozessen zu erlangen.

2.1 Definition eines Verbrennungsprozesses

Definitionen von Verbrennung:

* „Bei der Verbrennung handelt es sich um eine Stoffumwandlung bei höherer Temperatur in Anwesenheit von Sauerstoff."[3]
* „Verbrennungen sind besonders rasch verlaufende Oxidationen wobei Licht und viel Wärme frei wird (Oxidation: Stoffe verbinden sich mit Sauerstoff)"[4]

---

[2] (Siehe: Schmidt, Hans- Jürgen (1999). Chemie konkret. Frankfurt am Main: Diesterweg Verlag ,S.54.)
[3] (Vgl.: Bliefert, C. (1997[2]). Umweltchemie. Weinheim: VCH Verlagsgesellschaft, Seite 433)
[4] (Vgl.: Baars, G. Christen, H-R (1999[3]). Allgemeine Chemie: Theorie und Praxis: Diesterweg Verlag., S. 25)

2.2. Vorraussetzungen für eine Verbrennung

„Es gibt 3 stoffliche Vorraussetzungen für eine Verbrennung, welche nötig sind um den Grad einer Verbrennung zu erreichen."[5]

2.2.1 Stoffliche Vorraussetzung

Damit eine Verbrennung stattfinden kann müssen folgende stoffliche Vorraussetzungen erfüllt sein:

- Es muss genügend **brennbarer Stoff (Brennstoff)** in geeigneter Form vorliegen.
- Da **Sauerstoff** das nötige Oxidationsmittel ist, muss er in ausreichender Menge vorhanden sein (Abb. 1).
- Als letzter Faktor muss **die Zündtemperatur (Wärme)** erreicht werden. Diese ist der energetische Anstoß um die Verbrennungsreaktion zu erreichen.

Abbildung 1: Stoffliche Vorraussetzungen

2.2.1.1 Der Brennstoff

Die Chemie teilt Stoffe in organische und anorganische Stoffe ein. Alle Stoffe die Kohlenstoff enthalten gehören zu den organischen Stoffen.

Es gibt nur wenige brennbare anorganische Stoffe, weshalb ich mich hier nur auf organische Stoffe konzentrieren möchte.

Im Folgenden ein paar Beispiele für den Aufbau organischer Stoffe welche in Verbrennungsprozessen oft verwendet werden (Abb. 2). Hierbei werden auch die Emissionen dargestellt welche bei der Verbrennung der einzelnen Stoffe entstehen.

---

[5] (Vgl.: Rodewald, G. (1998[5]). Brandlehre. Stuttgart: Kohlhammer, S. 112)

Wasserstoff-Kohlenstoff-Verhältnis fossiler Brennstoffe

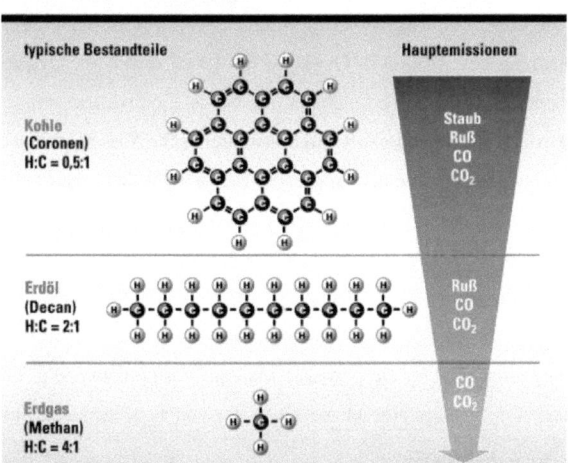

Abbildung 2: Aufbau verschiedener Kohlenwasserstoffe

2.2.1.2 Der Sauerstoff

„Sauerstoff muss bei einem Verbrennungsprozess ausreichend vorhanden sein"[6] Bei einer Verbrennung wird der Sauerstoff meist aus der Luft bezogen. Luft enthält 21% Sauerstoff, (Abb. 3) welcher beim Verbrennungsprozess eine wichtige Rolle einnimmt.

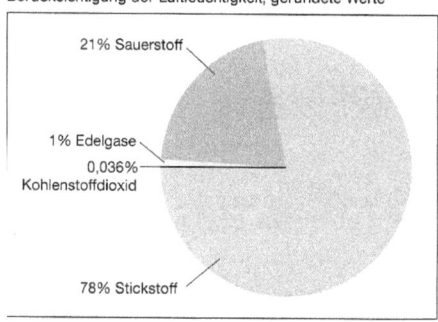

Abbildung 3: Zusammensetzung der Luft

[6] (Vgl.: Rodewald, G. (1998[5]). Brandlehre. Stuttgart: Kohlhammer, S. 112/113)

Sauerstoff ist nötig, um die Oxidation/ Verbrennung anzutreiben. Er hat hier die Rolle des Oxidationsmittels.

Im Punkt 2.1 wird die Oxidation folgend definiert: „Sauerstoff verbindet sich mit anderen Stoffen". „Die Bedeutung des Ausdrucks Oxidation lässt sich erweitern. Oxidation kann man auch als Elektronenverschiebung bezeichnen. Hierbei ist ein Oxidationsmittel (Sauerstoff), welches Elektronen abgibt und ein Reduktionsmittel (z.B. Wasserstoff), welches Elektronen aufnimmt notwendig."[7] In einem konkreten Beispiel will ich später näher auf die Oxidation eingehen

2.2.1.3 Die Wärme/ Zündtemperatur

Um eine Verbrennung anzuregen ist ein gewisses Maß an Wärme notwendig. Dies nennt man Zündtemperatur. Abb. 4 zeigt eine kleine Übersicht von verschiedenen Stoffen und ihren unterschiedlichen Zündtemperaturen.

B3 Zündtemperaturen von einigen
brennbaren Stoffen

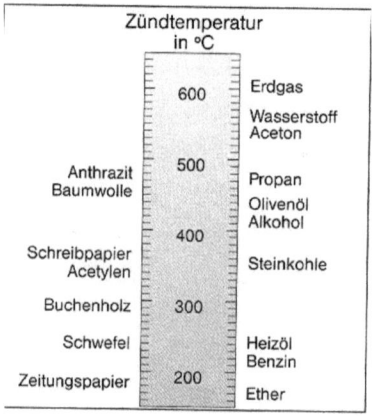

Abbildung 4: Zündtemperaturen einzelner Stoffe

---

[7] (Vgl.: Baars, G. Christen, H-R (1999³). Allgemeine Chemie: Theorie und Praxis: Diesterweg Verlag., S. 67)

2.2.2 Energetische Vorraussetzungen

Die **Zündtemperatur** ist auch eine energetische Vorraussetzung. Denn um eine Verbrennung anzuregen, bedarf es einem energetischen Anstoß, welcher über die Zündtemperatur erreicht wird (Abb. 4). „Zur Abschätzung der erforderlichen Zündenergie gibt man die Temperatur an, auf die das Gemisch aus brennbarem Stoff und Sauerstoff zur Einleitung des Brennens gebracht werden muss. Diese Temperatur wird als Zündenergie bezeichnet"[8]
Eine weitere energetische Vorraussetzung ist die **Mindestverbrennungstemperatur.**
„Ist die Verbrennung eingeleitet, so ist eine Mindestenergie notwendig, damit die Verbrennungsreaktion selbständig als Reaktionskette weiterläuft. Zur Abschätzung dieser Energie gibt man die niedrigste Temperatur des reagierenden Brennstoff-/ Sauerstoffgemisches an, bei der das Brennen gerade noch möglich ist. Diese Temperatur wird als Mindestverbrennungstemperatur bezeichnet."[9]
Nachdem die nötigen stofflichen und energetischen Vorraussetzungen einer Verbrennung bekannt sind, werde ich an einem konkreten Beispiel den Prozess der Verbrennung veranschaulichen. Aus einem großen Gebiet der Brennstoffe (z.B. Holzwerkstoffe, Kunststoffe, Alkane) werde ich die Alkane (Kettenkohlenwasserstoffe) näher hervorheben.
Erdgas vereint verschiedene Alkane und ist somit ein gutes Beispiel.

2.3 Bestandteile von Erdgas

Hauptbestandteil von Erdgas ist Methan (91%). Andere Gase im Erdgas aus dem Bereich der Alkane sind Ethan, Propan und Butan. (Abb. 5)

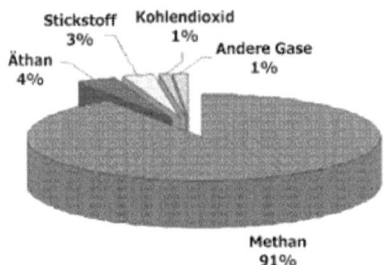

Abbildung 5 : Stoffliche Zusammensetzung von Erdgas

---

[8] (siehe: Rodewald, G. (1998[5]). Brandlehre. Stuttgart: Kohlhammer , S.113)
[9] (siehe: Rodewald, G. (1998[5]). Brandlehre. Stuttgart: Kohlhammer , S.113)

„Da ein Löwenanteil des Erdgases das Methan ausmacht, werde ich mich im Folgenden näher mit diesem Stoff befassen, um den Vorgang einer Verbrennung darzustellen."[10]

Abbildung 6: chemische Zusammensetzung Methan

C = Kohlenstoff; H = Wasserstoff

$C_1\ H_4$	-C-	Methan
$C_2\ H_6$	-C-C-	Ethan
$C_3\ H_8$	-C-C-C-	Propan
$C_4\ H_{10}$	-C-C-C-C-	Butan
$C_5\ H_{12}$	-C-C-C-C-C-	Pentan
$C_6\ H_{14}$	-C-C-C-C-C-C-	Hexan

Abbildung 7: Kohlenwasserstoffketten (Alkane)

Methan ist die kürzeste Kohlenwasserstoffkette im Bereich der Alkane (Kettenkohlenwasserstoffe). Wie im Schaubild oben zu erkennen ist, besteht Ethan aus zwei Kohlenstoffatomen und sechs Wasserstoffatomen. Bei den Ketten Propan und Butan sind jeweils ein Kohlenstoffatom und zwei Wasserstoffatome zusätzlich an die Kette angefügt.

Zur Darstellung eines Verbrennungsvorgangs eignet sich Methan sehr gut, da seine chemische Struktur einen sehr einfachen Aufbau aufweist.

Vorab will ich klären, warum Erdgas (91% Methan) ein interessanter Stoff für Verbrennungsvorgänge ist.

2.4 Die exotherme Reaktion

Bei einer Verbrennung handelt es sich um eine exotherme Reaktion. Das heißt, dass bei dem Verbrennungsvorgang Energie in Form von Wärme frei wird. „Die Endstoffe sind e-

---

[10] (Vgl.: http://www.chemienet.info/4-gas.html)

nergieärmer als die Ausgangsstoffe".[11] Da die Reaktion von Erdgas extrem exotherm abläuft, wird Erdgas gerne als Brennstoff genutzt.

Weiter ist auch erwähnenswert, dass Erdgas einen hohen Heizwert hat (durch die extreme exotherme Reaktion). Daraus folgt, dass Erdgas ein relativ praktischer Brennstoff ist, da mit wenig Brennstoff verhältnismäßig viel Wärme erzeugt werden kann.

2.5 Der Verbrennungsprozess

Für diesen Prozess benötigen wir z.b. den Brennstoff Erdgas (hier reines Methan), Luft, aus der wir Sauerstoff beziehen und eine Zündtemperatur von ca. 650 Grad Celsius.

„Die Verbrennung läuft nach einem **Radikalkettenmechanismus** ab, wobei zunächst durch Sauerstoffradikale (einzelne Sauerstoffatome, bezogen aus der Luft, welche durch Energiezufuhr voneinander gespalten wurden)" (Abb. 8) die Wasserstoffatome schrittweise abgelöst werden."[12]

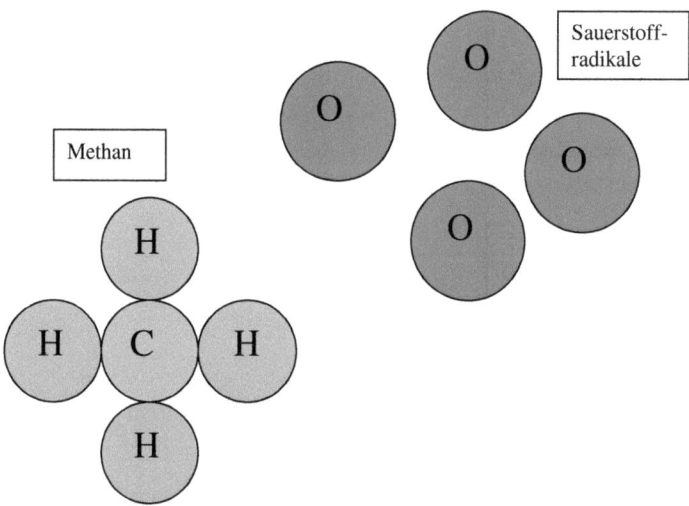

Abbildung 8: Eigener Entwurf

Es entsteht H_2O (Wasser) (Abb. 9). „In diesem Fall werden dem Kohlenstoff und dem Wasserstoff (Reduktionsmittel) Elektronen entzogen. Sie werden oxidiert. Der Sauerstoff

---

[11] (Vgl.: Baars, G. Christen, H-R (1999³). Allgemeine Chemie: Theorie und Praxis: Diesterweg Verlag, S.5)
[12] (Vgl.: Rodewald, G. (1998⁵). Brandlehre. Stuttgart: Kohlhammer, S. 142)

(Oxidationsmittel) hingegen wird durch die Aufnahme von Elektronen reduziert."[13] (vgl. hier auch Punkt 2.2.1.2 Der Sauerstoff)

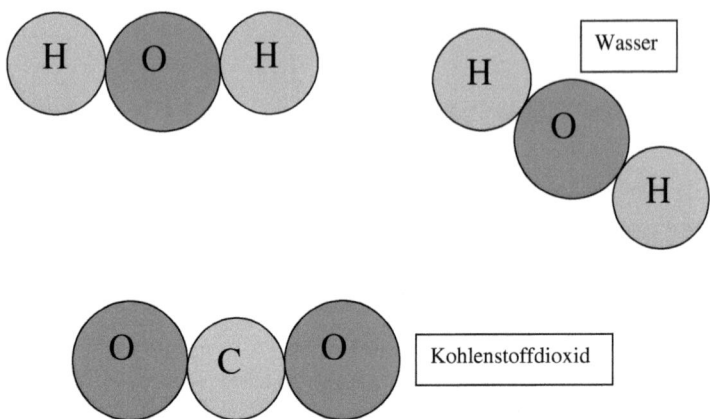

Abbildung 9: Eigener Entwurf

„In den Folgeschritten wird Kohlenstoffmonoxid zu Kohlenstoffdioxid weiteroxidiert (Anmerkung: Da die kohlenstoffhaltigen Radikale auch untereinander reagieren, sind die Verbrennungsabläufe wesentlich komplizierter als hier dargestellt.).
Steht genügend Sauerstoff zur Verfügung, entstehen die vollständigen Verbrennungsprodukte Kohlenstoffdioxid (CO_2) und Wasser (H_2O)."[14]

Bsp.: $2\,CH_4 + 4\,O_2$ - - - - - $2\,CO_2 + 4\,H_2O$

Das hier vorgestellte chemische Reaktionsmuster lässt sich auf alle Kohlenwasserstoffe übertragen.
Andere organische Brennstoffe mit komplexerer Struktur weisen bei einer Verbrennung weitaus kompliziertere Abläufe vor, weshalb ich an dieser Stelle nicht näher darauf eingehen möchte.
Allgemein kann man sagen, da bei einem Verbrennungsvorgang eine Oxidation und eine Reduktion von Stoffen statt findet, lässt sich der Verbrennungsvorgang auch als Redoxreaktion bezeichnen.

---

[13] (Vgl.: Baars, G. Christen, H-R (1999³). Allgemeine Chemie: Theorie und Praxis: Diesterweg Verlag, S.67)
[14] (Vgl.: Rodewald, G. (1998⁵). Brandlehre. Stuttgart: Kohlhammer , S. 120)

Wichtig für eine vollständige Verbrennung von Kohlenwasserstoffen ist, dass genügend Sauerstoff vorhanden ist, welcher nötig ist, um die Endprodukte Wasser und Kohlenstoffdioxid in Reinform zu bekommen.

2.5.1 Betrachtung einer Flamme

Bei Betrachtung einer Flamme mit verschiedenen Messtechniken kann man einige Merkmale einer Verbrennung sehr gut erkennen. (Abb. 10)

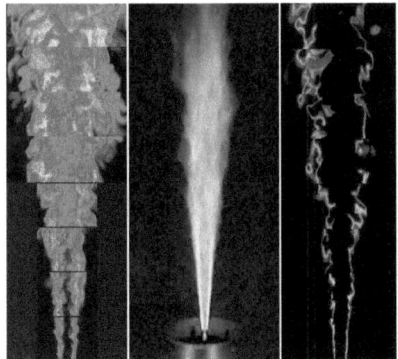

Abbildung 10: Betrachtung einer Flamme mit drei verschiedenen Messtechniken

„Das mittlere Bild zeigt eine fotografische Aufnahme einer Flamme. Auf dem linken Bild wurde die Flamme mit einem Laser-Lichtschnittverfahren gemessen. Es wird die Dichteverteilung und somit die Temperatur angezeigt".[15] Die äußere Reaktionsfläche der Flamme ist deutlich zu erkennen (gelb/ rot). Unterstrichen wird diese Aussage, wenn man das rechte Bild ansieht. „Auf diesem Bild ist die Verteilung der OH-Radikale dargestellt." Wie im Punkt 2.5 beschrieben, sieht man hier wie Sauerstoffradikale (welche zur Reaktion nötig sind) die Wasserstoffatome abspalten. Was der erste Schritt bei einem Verbrennungsprozess ist. Weiter geht die Verbrennung wie im Punkt 2.5 beschrieben.

---

[15] (Vgl. http:// www.mv.uni-kl.de/TD/ einsatz/verbrennung_main.html)

2.6 Die unvollständige Verbrennung

„Steht nicht genügend Sauerstoff für die Verbrennung zur Verfügung, da der Sauerstoff bereits weitgehend verbraucht ist oder weil nicht genügend Sauerstoff hertransportiert werden kann, so bleibt der Abbau der Kohlenwasserstoffe auf der Stufe des Kohlenstoffmonoxids bzw. der Zwischenprodukte mit hohem Kohlenstoffgehalt stehen. Diese Zwischenprodukte lagern sich zu größeren Partikeln zusammen, die bei der Verbrennung als Ruß auftreten"[16] (Abb. 11).

Kohlenstoffmonoxid   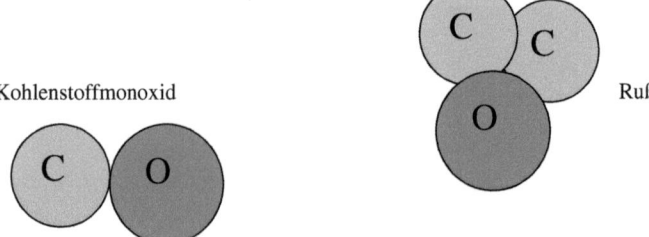   Ruß

Abbildung 11: Eigener Entwurf

Hieraus lässt sich schließen, dass bei erhöhter Sauerstoffzufuhr die Verbrennung vollständiger stattfindet und weniger Ruß entsteht!

2.6.1 Vergleich von Verbrennung verschiedener Kohlenstoffe

Mit zunehmender Länge der Kohlenwasserstoffkette erkennt man, dass die Verbrennung immer unvollständiger abläuft. (Abb. 12)
„Bei einer Verbrennung an Luft stellt sich eine unvollständige Verbrennung immer dann ein, wenn das Verhältnis von Kohlenstoff zu Wasserstoff groß ist."[17]

Beispiel: Kohlenstoff-Wasserstoffverhältnis

$$Methan (CH_4): \qquad 1:4 = 0{,}25$$

$$Butan (C_4H_{10}): \qquad 4:10 = 0{,}40$$

---

[16] (Vgl.: Rodewald, G. (1998[5]). Brandlehre. Stuttgart: Kohlhammer, S. 120)
[17] (Vgl.: Rodewald, G. (1998[5]). Brandlehre. Stuttgart: Kohlhammer, S. 120)

Hexan (C_6H_{14}): 6:14 = 0,43

Benzol (C_6H_6): 6: 6 = 1,00

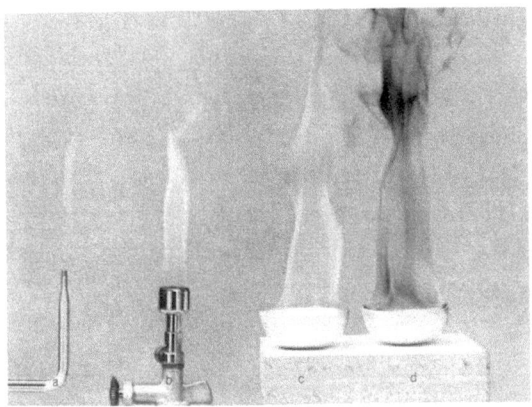

Abbildung 12: Flammen von Kohlenwasserstoffen

a) Methan b) Butan c) Hexan d) Benzol

Das bedeutet in Worten, bei Methan kommen auf ein Wasserstoffatom 0,25 Kohlenstoffatome. Bei Butan kommen auf ein Wasserstoffatom bereits 0,4 Kohlenstoffatome. „Da pro Kohlenstoffatom 4mal so viel Sauerstoff verbraucht wird wie pro Wasserstoffatom, reicht der durch Diffusion herangeführte Sauerstoff zur vollständigen Verbrennung nicht mehr aus"[18]. Es entsteht unter anderem Ruß!

(Anmerkung: „Diffusion = ohne äußere Einwirkung eintretender Ausgleich von Konzentrationsunterschieden)"[19]

2.6.2 Vorteilhaftigkeit vollständiger Verbrennung

Bei einem Verbrennungsprozess ist es Ziel eine möglichst hohe Ausbeute an Wärme zu erreichen.

Dies kann man auch durch Berechnung des Heizwertes ermitteln.

Der Heizwert wird folgendermaßen definiert: „Unter Heizwert versteht man die unter vollkommener Verbrennung freigesetzte Energie bezogen auf die Brennstoffmenge".[20]

---

[18] (Vgl.: Rodewald, G. (1998[5]). Brandlehre. Stuttgart: Kohlhammer, S. 120)
[19] (siehe: © Duden - Das Fremdwörterbuch. 7. Aufl. Mannheim 2001. [CD-ROM].)
[20] (Vgl.: Schaefer, H.: Energietechnik, VDI- Verlag, Düsseldorf 1994 , S.1301)

Für uns ist in diesem Fall die Energie in Form von Wärme interessant. Da z.B. Erdgas zu einem hohen Teil an Luft verbrennt, wird eine hohe Energieausbeute erreicht.

Im Punkt 2.6.1 habe ich dargestellt, dass z.b. Benzol (welches ein Kohlenstoff-Wasserstoff Verhältnis von 1:1 hat) an der Luft unvollständig verbrennt!

Somit hat Erdgas einen klaren Vorteil, da es bei normaler Luftzusammensetzung sein ganzes Potential nuten kann und somit bei gleicher Brennstoffmenge mehr Wärme (Energie) freisetzt als das langkettige Benzol.

Aber ist es auch möglich aus Brennstoffen, welche für die vollständige Verbrennung mehr Sauerstoff als nur den Luftsauerstoff benötigen, mehr Energie zu beziehen?

2.7 Die Sauerstoffverbrennung

Durch die umfassende Forschungsarbeit der Wissenschaft, lässt sich die Aussage treffen, dass bei Verbrennungsprozessen für größere Kohlenwasserstoffmoleküle mehr Sauerstoff als nur der Luftsauerstoff benötigt wird.

Aus diesem Grund ist es sinnvoll die vollständige Verbrennung durch ein Zudosieren von Sauerstoff beim Verbrennungsvorgang zu forcieren!

Im Bereich der Kraftwerkstechnik sind hier schon lohnende Ideen in die Tat umgesetzt worden.

Um mehr Sauerstoff in den Brennstoff zu bekommen, wird z.B. die Kohle in einem Kraftwerk sehr klein gemahlen. Der Kohlestaub wird mit der Luft in den Verbrennungsraum geblasen. So ist es dem Sauerstoff möglich, bei vorhandener Zündtemperatur eine größere Angriffsfläche zum Brennstoff zu haben. Die Verbrennung findet so vollständiger statt und es wird erstens ein höherer Heizwert erreicht (weniger Brennstoff ist nötig) und zweitens entstehen weniger Ruß und Staub, welche durch aufwändige Filtersysteme wieder abgefangen werden müssen.

Auch die Idee der vollkommenen Sauerstoffverbrennung wird schon umgesetzt. Hier wird anstatt Luft reiner Sauerstoff in den Brennraum eingedüst! (Abb. 13)

Abbildung 13: Verbrennungsförderung mit Sauerstoff

Durch die Optimierung solcher Vorgänge kann an Brennstoffen wie Kohle gespart werden und somit die Umweltbelastung durch Nebenprodukte der Verbrennung vermindert werden. „Außerdem wird damit die Verbrennungstemperatur erhöht, was wiederum die Freisetzung der Schadstoffe vermindert".[21]

3. Fazit

Der Mensch lernte durch seine Intelligenz und sein Streben nach Forschen sich den Prozess der Verbrennung zu Nutzen zu machen. Von diesem Fortschritt und von dieser Erkenntnis der Wissenschaft profitiert jeder Mensch und vor allem die Technik der Energiegewinnung, da der Prozess der Verbrennung besonders für energetische Anwendungen grundlegend ist.

Da wir heutzutage von Verbrennungsprozessen abhängig sind, ist es wichtig sich weitere Gedanken über solche Prozesse zu machen, um in Zukunft unseren Planeten im Gleichgewicht zu halten. Besonders im Hinblick auf die negativen Auswirkungen der Verbrennung hinsichtlich der Klimaerwärmung, da durch die Nebenprodukte der Verbrennungsprozesse viele Probleme auftreten. Beispielsweise stellt die Lösung der CO_2 –Sequestrierung uns in der heutigen Zeit vor große Aufgaben.

Der nachhaltige Umgang mit unseren Ressourcen fördert auch die Nachhaltigkeit in vielen Gebieten unseres Lebens, deshalb muss das Bewusstsein des Menschen stärker in die Zukunft gerichtet werden. So ist es möglich auch nachfolgenden Generationen die Möglichkeit zu geben mit heutigen Erkenntnissen umzugehen, sie sinnvoll zu nutzen und weiter auszubauen. Weitere Prinzipien wie das Vorsorgeprinzip oder auch das Quellenreduktionsprinzip sollten verstärkt in den Blick der Menschen gerückt werden.

Abschließend lässt sich sagen, dass der Prozess der Verbrennung der Menschheit viele Möglichkeiten er-/ geöffnet hat, jedoch muss auch die Kehrseite dieses Themas beachtet werden. Sprichwörtlich ist es „ein Spiel mit dem Feuer".

---

[21] (Vgl.: http://www.airliquide.de/.../ verbrennung.html)

4. Literaturverzeichnis

- © Duden - Das Fremdwörterbuch. 7. Aufl. Mannheim 2001. [CD-ROM].
- Baars, G. Christen, H-R (1999[3]). Allgemeine Chemie. Frankfurt am Main: Diesterweg Verlag.
- Bäuerle, W.; Gietz, P.; Hoppe, B.; Menzel, P.; Peppmeier, R.; Schäpers, B. (1997[1]). Umwelt. Chemie, Ausgabe C. Stuttgart: Ernst Klett Verlag.
- Bliefert, C. (1997[2]). Umweltchemie. Weinheim: VCH Verlagsgesellschaft.
- Feßmann, J.(1999[1]). Angewandte Chemie und Umwelttechnik für Ingenieure. Landsberg/ Lech: ecomed Verlagsgesellschaft.
- Rodewald, G. (1998[5]). Brandlehre. Stuttgart: Kohlhammer.
- Schaefer, H. (1994). Energietechnik. Düsseldorf: VDI- Verlag.
- Schmidt, Hans- Jürgen (1999). Chemie konkret. Frankfurt am Main: Diesterweg Verlag.

Internetverzeichnis (entnommen am 14.11.2005):

- http://www.pfadfinder-oth.de/Allgemeines/Daten_Berichte/ Schriften/feuer/feuer.html#4
- http://images.google.de/imgres?imgurl=http://www.learn-line.nrw.de/angebote/feuerwehr/f5002.gif&imgrefurl=http://www.learn-l-ne.nrw.de/angebote/feuerwehr/f5002.htm&h=232&w=249&sz=28&tbnid=CB8cvT pCEVMJ:&tbnh=98&tbnw=106&hl=de&start=9&prev=/images%3Fq%3DZ%25C 3%25BCndtemperatur%26svnum%3D10%26hl%3Dde%26lr%3D
- http://www.umweltlexikon-online.de/fp/archiv/RUBabfall/Verbrennung.php
- http://www.metanord.ch/ gasmetanoecologicosicuro_de.htm
- http://www.chemienet.info/4-gas.html
- http://www.umweltlexikon-online.de/fp/archiv/RUBabfall/Verbrennung.php
- http://www.guidobauersachs.de/oc/struktur.html
- http://www.airliquide.de/.../ verbrennung.html
- http://www.mv.uni-kl.de/TD/ einsatz/verbrennung_main.html

Abbildungsverzeichnis:

1. http://images.google.de/imgres?imgurl=http://www.learn-line.nrw.de/angebote/feuerwehr/f5002.gif&imgrefurl=http://www.learn-l-ne.nrw.de/angebote/feuerwehr/f5002.htm&h=232&w=249&sz=28&tbnid=CB8cvT pCEVMJ:&tbnh=98&tbnw=106&hl=de&start=9&prev=/images%3Fq%3DZ%25C 3%25BCndtemperatur%26svnum%3D10%26hl%3Dde%26lr%3D

2. http://www.umweltlexikon-online.de/fp/archiv/RUBabfall/Verbrennung.php

3. Umwelt: Chemie, S. 75

4. Umwelt: Chemie, S. 76

5. http://www.metanord.ch/ gasmetanoecologicosicuro_de.htm

6. http://www.umweltlexikon-online.de/fp/archiv/RUBabfall/Verbrennung.php

7. http://www.guidobauersachs.de/oc/struktur.html

8. Eigener Entwurf

9. Eigener Entwurf

10. http://www.mv.uni-kl.de/TD/ einsatz/verbrennung_main.html

11. Eigener Entwurf

12. Baars, G. Christen, H-R (1999³). Allgemeine Chemie: Theorie und Praxis: Diesterweg Verlag.

13. http://www.airliquide.de/.../ verbrennung.html